Son

STOCKMAN

All-Terrain T/A
BFGoodrich

DEFENDER
LAND ROVER

EEL <Easy Earl Life> Products
Washington B.D.
100%

# はじめに

二〇〇三年四月に高円寺の自宅兼事務所の狭い部屋で始めたイールプロダクツは、気付けば十六周年を迎えていた。スタッフにも恵まれ、十六年経って総勢十名となった。真摯で味わい深い人たちに囲まれ仕事ができていることが嬉しく、皆に感謝している。イールプロダクツはチームであり、僕はその監督兼選手だと思っている。ひとりでは続けることはできなかった。

始めて間もない頃、なぜファッションブランドを始めたのかという質問をされるのが、とても恥ずかしかった。「あなたの作る洋服が欲しい人がいると思っているのですか」と聞かれているようで、耳が赤くなるのを必死に抑え、平静を装っていたのを今でも鮮明に思い出せる。

大それたことを始めたという意識は微塵もなく、「こんな洋服があったら楽しいから自分で作ってみよう」という、とても単純な発想でブランドを立ち上げた。僕は服飾の専門学校も出ていないし、前職で洋服のデザインも経験していないし、名のある師匠がいる訳でもないから、独立して継続できる根拠はなかった。だから「そんなに焦らなくていいんじゃないの」と心配して制してくれる知人もいた。もしも今、あの頃の自分と同じような人からブランドを立ち上げたいと相談されたら、僕ですら止めるかもしれない。

自信なんてなかったが、情熱や気持ちでは誰にも負けないと思っていた。それは今でも変わっていない。新しい服の企画を練っている時に〈これだ！〉というモノが浮かんだ時の快感は、何ものにも代え難いほど幸せな瞬間だ。胸は高鳴り、明るく照らされた未来が見える時があるが、調べてみると既に存在している発想だったり、物理的に実現不可能な場合がほとんどで、幸せだったあの瞬間は、跡形もなく崩れ去ってしまう。それでも僕らは再考を繰り返し、服を作り続ける。まるで砂漠の中から、一粒の砂金を見つけ出すような行為だが、それが好きで好きでたまらない。

十六年も経つと、いろいろなことの輪郭が少しずつぼやけていき、気付かぬうちにどこかにしまい忘れていることも多くなった。その記憶を留めておくために、幸せな瞬間を最後まで形にすることができた服の中から、ずっと作り続けたいアイテムを選んで、本にまとめようと思った。何かの拍子に思い出す、嬉しい出来事も少なくないが、辛いことや失敗した記憶は案外はっきりと覚えている。ここに綴ったのは、スマートな話などはほとんどなく、泥臭く試行錯誤を重ねた、ジャッキー・チェンの映画のエンディングみたいな、服ができるまでの話である。

今「なぜファッションブランドを始めたのか」という質問をされたとしたら、僕はそっとこの本を差し出そうと思う。十六年間もがきながら作った服たちの、格好よくない物語と、他の人には作れない、僕たちが考える格好いい服の姿こそが、その答えである。

二〇一九年四月

イールプロダクツ　代表　高橋寛治

# 目次


はじめに　18

世の中にありそうでなかった服を作る　21

ずっと作り続けたい三十一の服　49

サクラコート　50／ランカラサン　54／砂浜デニム　54／リンカーン　ワシントンＢＤ　55

少年パンツ　56／パナマファイブ　58／チャコールヘンリー　58／プリントＴシャツ　59

刺繍Ｔシャツ　61／花火シャツ　63／トマトとキュウリ　63／Good On コラボレーションシリーズ　81

ユルリＴｅｅ　82／SUN PANTS　82／セキュリティ・デイバッグ　83／フォールバッグ　84

ベルボーイジャケット　86／TIED UP PLEASE　87／サンデーシャツ　88／アトリエシャツ　88

陶器ボタンのシャツ　89／Easy Carde　95／エレベスト　95／ディフェンダー　113／ブレイザーズ　113

チェスターコート　114／ノルディックセーター　ノルディックハイネック　115／ウールパンツ　116

サザンカコート　117／オリオンコート　118／オーロラマンコート　122

おわりに　124

# 世の中にありそうでなかった服を作る

高橋寛治

## ファッションに憧れて

小さな頃から人を楽しませることが好きで、皆をワクワクさせる新しい何かを作ることに熱中していた。たとえばボールを使った今までにない新しいゲームのルールを考えて、皆で遊んでいた。誰も見たことがない斬新なものではないが、今あるものに自分の発想をひとつプラスすることで、まだ世の中にない新しいものが生まれることを幼いながらに理解し、遊びを通じてそれを楽しんでいたのだと思う。

三つ上の兄の影響で、中学生の頃からファッションに興味を持つようになり、高校生になるとその関心はさらに高まっていった。携帯電話もインターネットも普及する前で、兄が買ってくるファッション雑誌が僕の教科書だった。東京にしかないファッションブランドの服を買うためにアルバイト代を貯めて、友人と一緒に鈍行列車で上京したこともあった。

漠然と、将来ファッションにまつわる仕事がしたいと思っていた。しかし、新潟の田舎町だったこともあり、それを同級生に話した時には、現実がわかっていない夢追い人という目で見られたこともあった。友人でさえそんな反応だったから、その憧れは胸の奥にしまい込み、周囲の大人たちに公言することはなかった。特に、厳格な父親にそれを打ち明けることは絶対にできなかった。東京に出て、ファッションの仕事に就けたとしても、将来どういう人生になるのだろうかという不安もあり、その夢に正面から向かっていくことを、正直怖いと思っていた。

上京してしまえば後々何とかなるだろうという、とても甘く単純な発想で、まずは両親を説得して東京に出る方法を考えた。大学に進学するほど勉強は好きではなかったので、どうしても行きたい専門学校が東京にあると偽り、何とか上京させてもらえるよう両親に懇願した。本当は将来ファッションの仕事がしたいのに、それを言い出せないままで、洋服とは全く関係のない、何の関心もない分野の専門学校に入学した。しばらく通ったものの、興味のない授業は全く面白くなく、次第に学校にもいかなくなっていった。

ブラブラ遊んでいるだけの、幽霊みたいな生活が一年以上続いたある日、せっかく上京したのにやりたいことをしないまま、駄目になる道に突き進んでいることに気が付いた。前にも後ろにも進めない、八方塞がりの状況になってようやく、ファッションの仕事に挑戦することを決心した。上手くいかなかったとしても、好きなことに本気で取り組んだ後なら後悔はない、たとえ希望しない仕事でも、生きていくために一生懸命やれるはずと腹を括った。それからすぐに、ファッションの仕事を必死で探し始めた。何とか小さなアパレル会社に販売員として採用され、憧れだったファッション業界で働き始めることとなったのだった。

それから数年後、店長を任されるようになった。小さな会社だったので、店長という立場ながらこんな服が欲しいということを、店からの発案として企画することができた。それ以外にも卸し先への営業など、様々な業務の手伝いをする中で、洋服を作って販売するところまで、小規模ながらファッション業界の基本的な流れが勉強できた。

# 自分でブランドを始めよう

様々な経験ができたことで服を作ることへの関心が高まっていった僕は、企画制作に携わる部署への移動希望を出していたが、それはなかなか叶わなかった。そんな時に知人から、あるアパレル会社がレディース部門の立て直しをするために制作部門のスタッフを探しているが、そこで働いてみないかという嬉しい提案をもらった。その誘いに応じて転職したのだが、実務に入る前に再建を断念する決定が下され、その部署自体がなくなることになった。思い切って飛び込んだ新しい世界だったが、半年足らずで退社せざるを得なくなってしまったのだった。

ファッションの仕事の本当の楽しさを知り、洋服を作る仕事を続けたいと強く思うようになっていた。一度はアパレルブランドの採用試験を受けてみようとも思ったが、専門的な勉強もしていない、前職で洋服のデザインの経験もない二十五歳が、企画制作する部署で採用されないことは、火を見るより明らかだった。それならば自身でファッションブランドを始めようと思い立ち、たったひとりで立ち上げることを決心した。経験は少ないけれど、成功するイメージだけはできていて、上手くやれるという根拠のない自信だけは持っていた。

まずはブランド名を考えようと、英和辞典を引いて単語を調べることにした。最初にひとつだけ決めたのは母音が〈イ〉で始まる名前にすること。〈イ〉と発音すると必ず口角が上がる。ブランド名を呼ぶたびに、笑顔が生まれる名前にしようと考えた。

短く覚えやすく、格好付けていない柔らかい言葉を探していたところ、魚類のウナギを意味する〈ＥＥＬ〉という英単語を見つけた。最初はイールと聞いて、何を示す単語なのか全く連想できなかったが、特定のイメージが浮かばないところが気に入った。それに、調理するとその姿からは想像できない絶品になるウナギは、平面の生地から人々を豊かに彩る服を生み出すファッションと少し似ていると思った。

ウナギとは別に、もうひとつ意味を付けたいと考えて「気楽な伯爵の暮らし」を表す〈Easy Earl Life〉の頭文字から取った名前であることにした。日常で気軽に着られる服と、その対極にある歴史を感じるしっかりとした服、両方のよいところを取り入れた二面性のあるブランドにしたいと考えて、この単語を当てることにした。そして、生活に寄り添う日常の服を作るという意思から製品を意味するプロダクツを付けて、イールプロダクツ（EEL〈Easy Earl Life〉Products）をブランド名に決めた。

その頃、アパレルブランドの展示会の案内といえば、シーズンコンセプトと概要を書き綴ったものが主流だった。しかし、まだ知られていない新しいブランドの展示会の案内文を送ったところで、足を運んでくれる人は誰もいない、僕が作る服がどんなものなのか、一目でわかる何かが必要だと考えた。まだパソコンも普及していない頃で、洋服の魅力を視覚で伝えることは容易ではなかった。お金がない中で知恵を絞り、知り合いのカメラマンに撮影してもらい、ブランドカタログをカラーコピーで手作りすることにした。

何の伝手もないまま、ここに置いてもらいたいという店に、そのカタログを付けて初めての展示会の案内を郵送した。つたない手作りのものではあったが、当時イメージカタログを作っているブランドはまだ少なく、その効果もあり予想を遥かに超える来場があった。

最初から十数件の取引先が決まり、ひとまず出発点に立つことができた。今に比べたらまだ景気がいい時代だったこともあり、これから頑張っていけば、順調に取引先も増えていくだろうと、楽観的に考えていた。しかし現実はとても厳しく、そこから約六年間、鳴かず飛ばずの苦しい状況が続くことになるのだった。

## ひとりからふたりに

澁谷文伸と僕は高校の同級生で、ファッションが好きという共通点で意気投合してから、一番の親友だった。ふたりで鈍行列車に乗って、東京まで服を買いにいったこともあった。高校卒業後、彼も大学進学で上京が決まり、家賃を節約するために共同生活をすることになった。

僕が就職した時、彼は大学三年生で、将来のことを真剣に考え始める時期だった。彼もファッションの仕事への憧れがあり、僕がアパレル会社で働き始めたこともあって、その関心が高まっていったようだ。僕が小さな会社で苦労していたのを隣で見ていた反動なのかどうかはわからないが、澁谷はその対極とも言える大きなアパレル会社で働くことを目標に、活動を始めていた。と言っても、新卒学生を対象とした採用試験を受けるのではなく、働いてみたいブランドの店頭に張り出されているスタッフ募集を頼りに、履歴書を送っていた。

大手ブランドの吉祥寺の店舗でアルバイトとして採用された彼は、大学に通いながら働き始めた。そのブランドで正社員になるには、まずアルバイトから契約社員になるための試験を受けて、二年間勤務してようやく正社員の登用試験が受けられる仕組みだった。アルバイトといいながらも社員になるための修行期間のような気概で、彼は一生懸命に働いていた。狭き門をくぐり抜け正社員として採用され、そのブランドの中でも大きな店舗のスーツ部門のフロアマネージャーとして活躍していた。

僕たちはまだ金銭的に余裕がなく、ふたり暮らしを続けていた。イールプロダクツを始めると、共有スペースだったリビングを服の在庫で占領するようになり、自宅がどんどん事務所のようになっていった。僕がひとりで全ての作業をやっているのを見兼ねた澁谷は、展示会の前などには、休みの日にもかかわらず夜遅くまで熱心に手伝ってくれた。一緒に作業をしているうちに、友人として気が合うだけでなく、仕事に対する考え方も近く、僕が苦手としている部分も、彼は器用にこなせることに改めて気が付いた。手先が器用で、たとえば展示会の案内状ひとつでも手を抜かず、しっかりとしたものを作ってくれた。

澁谷とブランドができたら面白いだろうなとずっと思っていたし、誰かとやるのなら彼以外は考えられなかった。一度イールプロダクツに入らないかと誘った時は、「ちょっと考えてみる」という返答だったが、しばらく経ってから一緒にやることを決断してくれた。

後に聞いたことだが、僕がイールプロダクツに入って欲しいと彼に声を掛けたのは、会社組織ゆえのしがらみに巻き込まれ始めたタイミングだったそうだ。単純に洋服が好きで働き始めたのに、大きな会社で働くことに少し疑問を抱くようになっていた時に澁谷を誘ったことは、全くの偶然だが、今から考えると必然だったように思う。

ふたりで働き始めて、仲が悪くなってしまった時期もあった。友人から上司と部下という関係性になり、互いに気持ちの上でその切り替えができていなかった頃が、一番険悪だった。長年の友人から悪いところを叱られても素直に聞くことができないのは当然で、上司として友人を注意するのはとても辛いことだった。

特別な出来事があった訳ではないが、ブランドが順調に進み始めた頃には、関係はすっかり修復していた。今は互いを信頼し、尊重し合って仕事をしている。澁谷とふたりになったことで、ようやくイールプロダクツが始まった、と今は思っている。

## 僕たちの服は必要とされていないのだろうか

最初は順調だったものの、そこから売り上げがなかなか伸びず、先が見えない状況に陥っていた。両親から借金をして何とか持ちこたえていたが、少しずつ血が流れ続けているようで、今のままダラダラと続けても埒が明かないことはよくわかっていた。このままだと、気が付いたら年と経験だけ重ねていって、世間から煙たがれる人間になっている自分の姿が想像できた。仮にイールプロダクツを辞めて、どこかのアパレルブランドに就職したら「僕は昔、自分のブランドをやっていたんだよ」と若い人たちに自慢するような人になりそうなことが予想できた。

辞めるにしても、僕たちが作る服が世の中に必要とされていないのか、必要としてくれる人のところまで届いていないだけなのかを知っておきたかった。自分たちがやっていることは正しいのか、正しくないのか、それだけはわかった上で、次に進みたいと思った。

会社勤めの頃から親交があり、最初の展示会の時には店を会場として無償で提供してくれた、イタリアンレストラン〈ＬＩＦＥ〉の相場正一郎さんからはずっと、自分たちの店を出した方がいいと言われ続けていた。店を作ることでブランドの発信力が格段に増して、絶対に上手くいくようになると、力強い言葉を掛け続けてくれた。

僕たちも、販売を卸し先に全て頼っている今の状態はよくないし、自分たちの洋服を、自身の世界観で売る場所が必要なことを感じていた。それでも、店を出すことになかなか踏み出せなかった。店を出すにはあらゆる面で責任が伴い、大きなお金も必要である。しかしこれ以上、卸し先が売ってくれないという言い訳はできないと腹を括り、ブランドの店舗を出すことを決心した。自信を持って作ったものを、自分たちの店から発信して、それでも売れないのなら負けを認めざるを得ない。背水の陣で臨んで駄目なのなら、諦めも付くだろうと考えたのだった。

## 店を作って見えてきた本当の服の姿

店を作って初めての展示会は、かなり力を入れて細部にまでこだわったが、結局失敗に終わった。それから数ヶ月後、本製品となった服が届いたのだが、とても愛おしくて、こんなにいい服にどうして注文が入らないのだろうと不思議に思っていた。

毎日じっくり服を眺めているうちに、本当の姿が少しずつ見え始めた。展示会の時は作った服に自信があり、その魅力を卸し先に伝える熱量もあって、いいところしか見えていなかった。冷静になって何度も見ているうちに、売ることだけを考えてデザインした、気持ちが乗り切っていない服の姿がはっきりと表れてきた。展示会の時と同じ服なのに、何かが違うのだ。

店を作ったことで、世の中に必要とされている、いないということの前に、「自分たちが本当に作りたい服とは、一体何なのか」ということを冷静に見つめ直すことができた。そして、物作りは情熱だけではできない、もっと深いものだということをようやく認識した。

## 最後に振り切った服を作ろう

次に失敗したら完全に終わり、というところまで追い込まれていた。どうせ最後になるのなら振り切って終わりにしようと、打算も妥協もなしで、他のブランドには絶対できない、自分たちが本当に作りたい服を全力で作ることを決心した。こういうものを作れば、これくらいは売れるだろうという浅はかな目論みは、今の自分たちの能力では到底できない。今持っている要素を上手く組み合わせて、手の届く範囲で勝負することにした。

その結果、大成功とは言わないまでも、初めて手応えのある服をひとつ作ることができた。それが〈エレベスト〉というベストだった。軽量化されたダウンが人気の中、それと逆行するような、厚手のウールを使った中綿のベストだったが、今まで卸し先から一度もくることがなかった追加注文の電話が、ひっきりなしに掛かってきた。

これまでに作ってきた中で一番挑戦した服が評価されて、何とかブランドを続けられるようになったことは、大きな自信になった。

## ありそうでなかった服を作る

エレベストでの経験を経てようやく、自分たちの得意分野が少しずつわかるようになった。以前は、幅広く服を作れる方がいいと思っていた。どんなアイテムでも、自分たちの色で表現すればいいものができると思い込んでいたが、実際はすべてが中途半端だった。

あらゆるものに手を出すのではなくて、僕たちらしい物作りを意識するようになった頃に発表したのが、今ではすっかりイールプロダクツの顔になっている、サクラコートや砂浜デニムである。それらの定番となっているものはどれも突拍子もない斬新なアイデアではないが「言われてみたら、これはなかったな」という、小さな工夫がある服である。得意とする分野に注力して、世の中にありそうでなかった服を作ること、これは今でも一番の基礎となっている。

## デメリットはメリットに変えることができる

ほぼ全ての製品を日本国内の縫製工場で作っている。ブランドを始めた頃は、海外で作る伝手も予算もなかったというのが本当の理由なのだが、作れるものは日本で作るのが一番だと思う。だから、今でもそれを変えることなく、国内の工場で作り続けている。

ブランドを始めて十年が経った頃から、様々な日本製品の高い品質が世界から評価されるようになり、洋服も日本製が見直されるようになった。最初は日本で作ることしかできなかったデメリットが、いつしか高品質の証というメリットに変わっていた。

「これしかできない」のではなくて「これしかやりたくない」という真逆の視点に変えれば、それはブランドのコンセプトになる。そうすることで、デメリットはメリットに変えることができる。常にこの視点を大切にして、服を作っている。

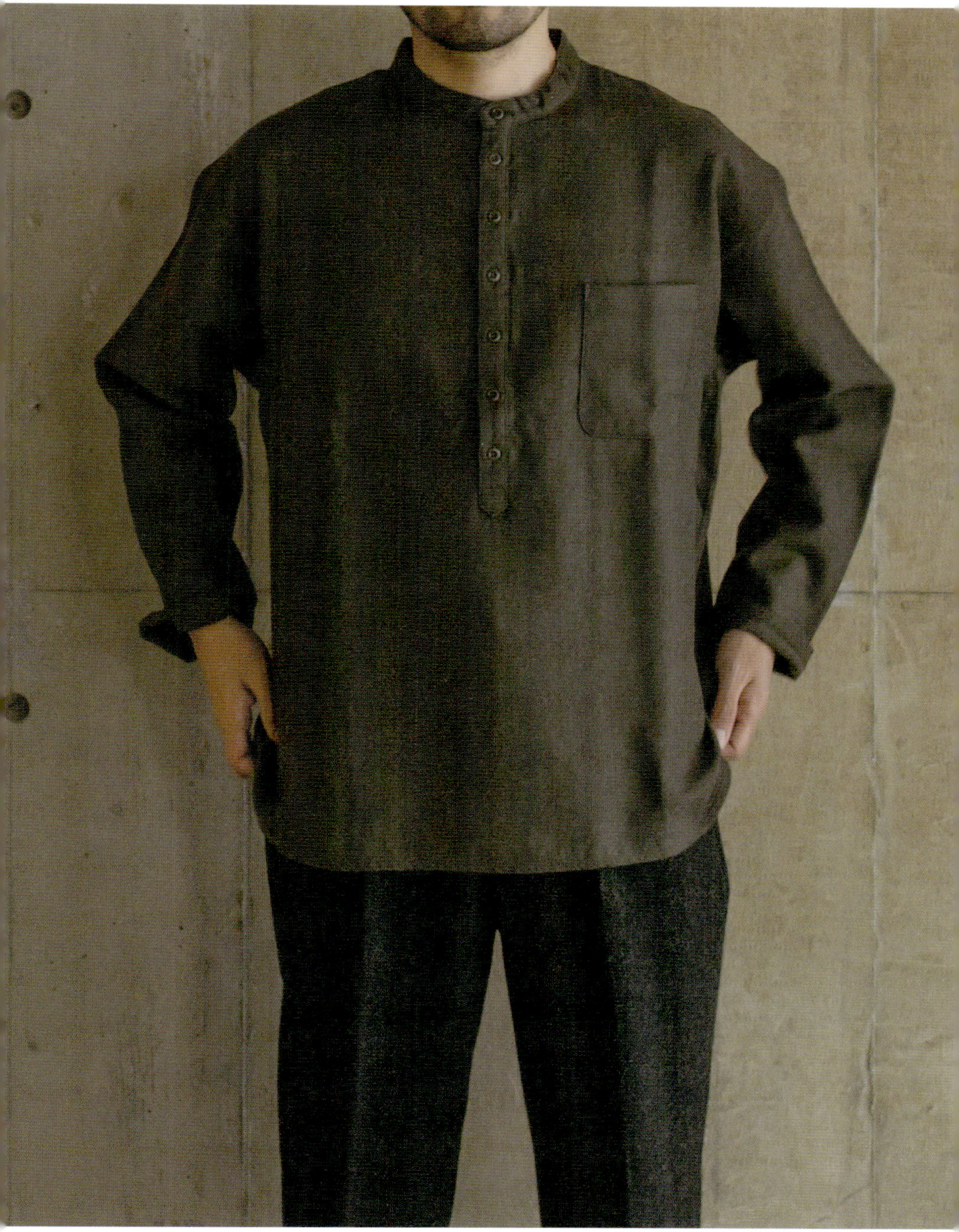

NIGHT POOL
PARIS

Home

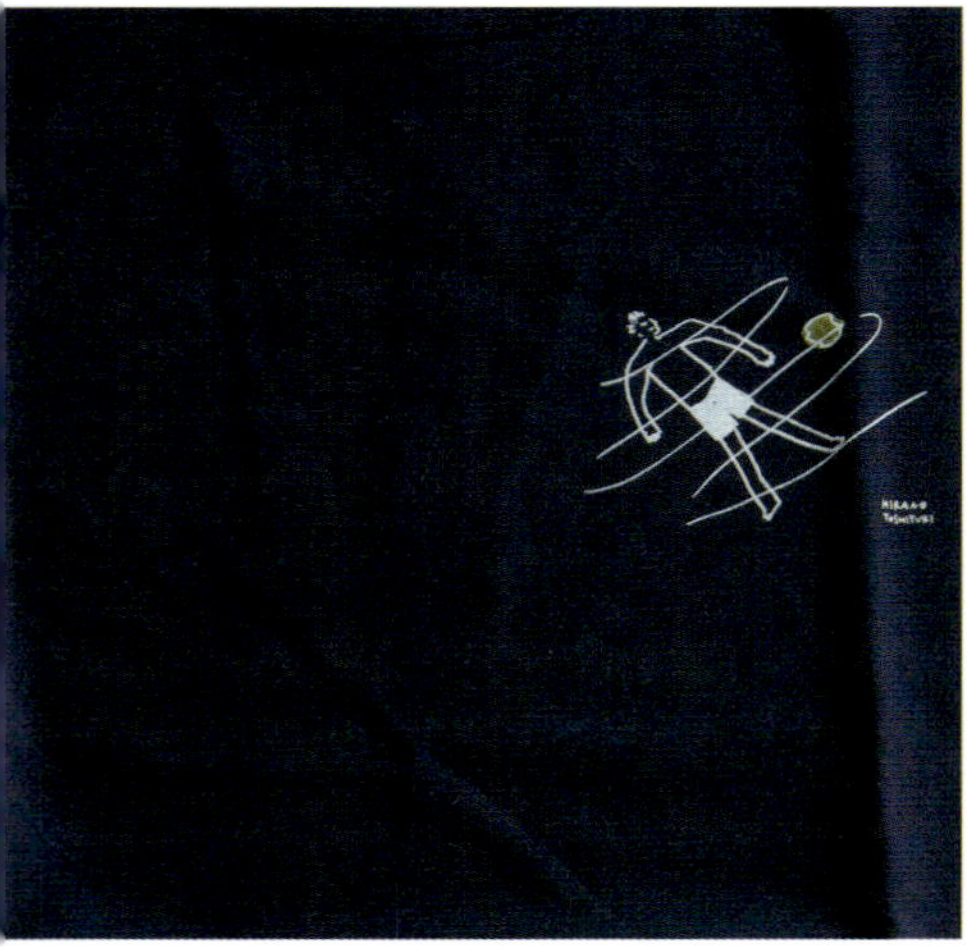

OFRANCE

OFRANCE

HIRANO
TOSHIYUKI
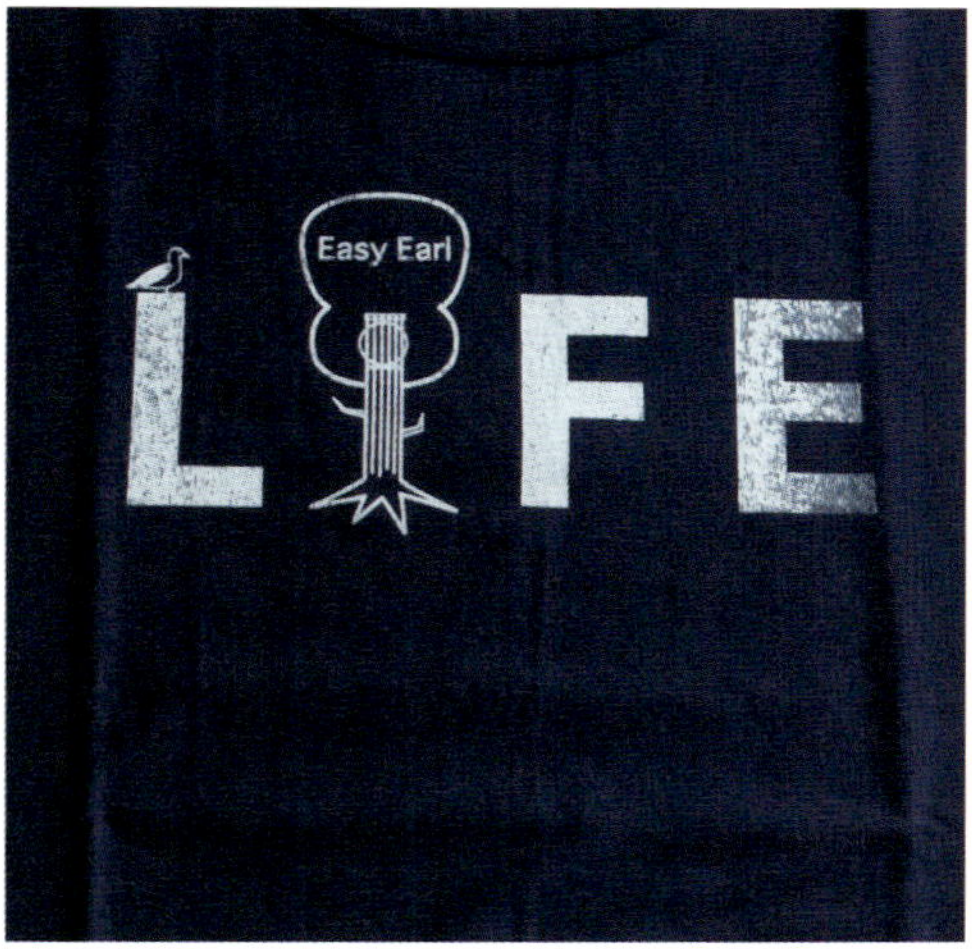
Easy Earl
LIFE

OFRANCE
HIRANO
TOSHIYUKI

STOCKMAN

# ずっと作り続けたい三十一の服

## サクラコート

このコートが生まれなかったら今イールプロダクツは存在していない、と断言できるくらい、とても大切な服である。

サクラコートを作り始めた二〇〇九年頃、スプリングコートの定番と言われてすぐに思い浮かぶのはイギリスの老舗ブランド・マッキントッシュのコートくらいだった。防水素材で作られた春物のアウトドアウェアは人気だったが、春先に着るコートはあまり必要とされていない雰囲気だったと記憶している。

二〇〇〇年代は、デニム工場が数多くあることで知られる岡山県倉敷市児島地区で縫製されたワークウェアが全盛の頃。当時はまだ岡山の工場との付き合いがなく、以前からワークウェアをしっかりと研究しているブランドには、今から始めても到底太刀打ちできないと思った。

僕たちが今お願いしている縫製工場で、ワークウェアに代わる新しい春服はできないだろうかと考えた。縫い目を見せるステッチが味わいのワークウェアとは真逆の発想で、生地の掛け合わせで勝負する服を作ろうと発想を膨らませていき、思い浮かんだのが〈袋縫い〉を生かす方法だった。袋縫いとは仕上がり線よりも外側で一度縫い、縫った部分を袋状に隠す縫製で、ふっくらとした服が出来上がる。

そして、馬布《ばふ》（コットンホースクロス）を見付けた時に、これで何か新しい春服ができる、と直感した。馬布は、元々は馬に乗る時に鞍《くら》が滑らないように敷いた生地。高密度に織っており丈夫で気密性が高く、風も通さずとても暖かい。まだ肌寒い日々が続く春先に着る服の素材として、最適だと考えた。

馬布の特性と、袋縫いを十分に生かすことを念頭に、発想を膨らませて誕生したのが〈サクラコート〉だった。ステッチが表に出ないようにした縫製と、チラリと見える裏地の白が、僕たちが作りたいと思っていた春服の理想の形と合致し、ありそうでいて世の中にまだない、面白いスプリングコートが完成した。

最初に、ブルー、ウォルナット、ホワイト、ブラックの四色を制作した。中でも、鮮やかな青のスプリングコートは珍しく、注目をいただいた。岡山の工場で縫製される服は、ジーンズに代表されるインディゴ染めのデニム生地が主流だが、サクラコートの馬布は当時あまり目にすることがなかった、フレンチワークウェアを彷彿する華やかな青で、それが新鮮に映ったようだった。

裏地を白にすることも、当初から決めていた。もし他の色、たとえば裏地が赤だったら、その色自体がデザインになる。白にすることで、意図的にデザインしたものではないけれど、結果的にそれが大きな特徴になると考えた。

家で洗濯できることも、主題のひとつとした。白衣と同じ考え方で「袖のあたりが黒ずんできたら洗い時ですよ」と教えてくれることも、裏地が白である大きな理由である。そして洗濯した後に、裏返して白い裏地を表にして干される姿を想像しながらデザインした。表地が日焼けして色褪せないだけではなく、白い服が干してある風景はとても美しく、その姿を見ているうちにコートへの思い入れも増していくと思った。

サクラコートと命名したのは、桜の花の咲く頃に着るのにちょうどいいコートだという、単純な理由だった。世の中には、出会える季節が限られているからこそ、愛しいものがある。春の限られた時季にしか見られないから儚《はかな》く美しい桜のように、着る季節が限られた服があってもいいのではないかと考えた。桜が満開を迎える頃に出して、花が散る頃にしまう、毎春の楽しみとして着て欲しいコートという思いで名付けたが、それとは裏腹に、真夏と真冬以外に着られる、頼もしい日々のコートとして大活躍している。

発表してから十年が経ったが、ほぼ同じ形のまま、毎春欠かさず作り続けていて、僕たちにとって春を迎えるための風習のような存在になった。デザインが更新されていくことも重要だが、変わらずに作り続けられる服は、それ以上に大切である。ずっと着続けてもらえることは一番の喜びだ。世の中に溶け込んでいると実感できる、時代や流行に関係なく残っていく服、それを最初に形にできたのが、サクラコートだった。

［写真 1〜5・112頁／53頁（サクラコートのためのデッサン）］

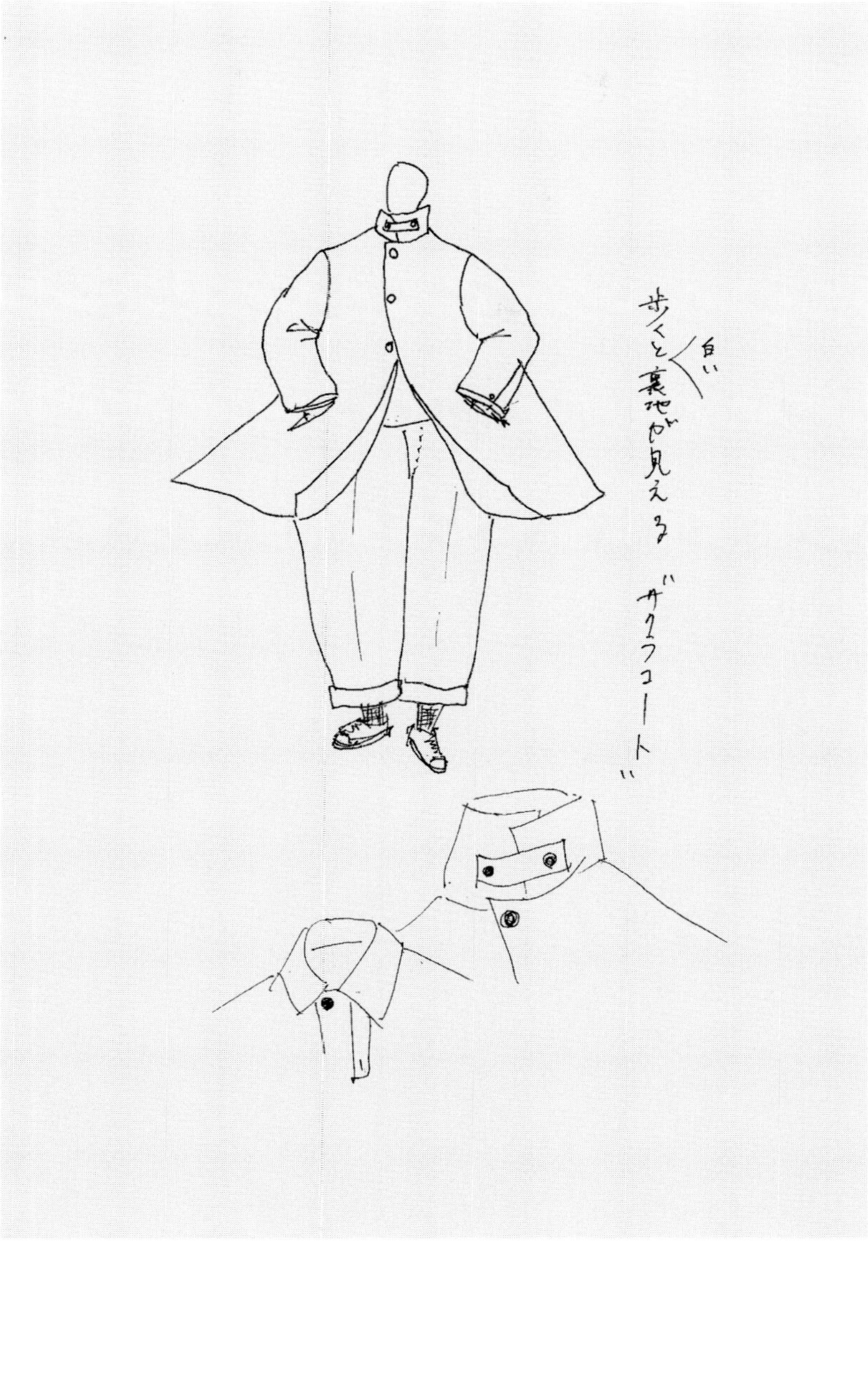
歩くと白い裏地が見える
“サックコート”

## ランカラサン

古くからドレスシャツでよく見られる丸襟のシャツを、かしこまり過ぎず、気軽に着られるように仕立てた。ジャケットと合わせて着る前提ではなく、一枚でもさまになることを念頭にデザインした。

目が詰まった張りのあるタイプライター生地を使っているが、ラウンドカラーなので、愛らしく柔らかい表情を見せてくれる。

襟とともに、もうひとつの大きな特徴は胸ポケット。シャツは生地の上から別布を縫い付けたパッチポケットが主流だが、小さな玉縁ポケットに仕上げた。

一度完成した後でも、納得いくまで刷新を続ける服がたくさんあるが、これもその中のひとつ。少しずつ手を加えていって、三代目でようやく今の形に落ち着いた。ラウンドカラーシャツの三代目なので、それを短くして〈ランカラサン〉と名付けた。［写真６・７頁］

## 砂浜デニム

古着のリーバイス５０１で丈が短めのものは、裾を少し折り曲げて、ちょうどいいバランスで穿けることがある。そのイメージで、最初から丈の短いデニムがあってもいいのではないかと考えた。

自分で好みの丈にカットすればいいという意見もあったが、自分で大胆に短く切るのは不安なものである。それを逆手に取り、最初からバランスの取れた短い丈に仕上げた。裾をまくらなくても、そのまま砂浜を歩けるデニムということで、〈砂浜デニム〉と命名した。

岡山の児島地区にあるデニム専門の老舗工場に縫製をお願いして、何年も穿き込んでもらえる、耐久性のある丈夫なデニムが完成した。ベルトループは真ん中が盛り上がった強度に優れた中高仕様、おしりのポケットは破れないように二重にしてあり、縁を隠しリベットで補強するなど、随所に工夫を施している。

基本の考え方はそのままに、季節ごとの生地や色展開をしながら毎年作り続けている。これ以前にも様々なデニムを作ってきたが、自分たちの色がしっかりと出た、しっくりくるものが作れずにいた。定番中の定番であるリーバイス501の古着がヒントとなり、僕たちの定番デニムが誕生した。〔写真8〜11頁〕

## リンカーン　ワシントンBD

僕たちの服には、ずっと作り続けたい定番モデルがいくつもある。その形が世の中の流れから少し外れたとしても、しばらく熟成させておいて、皆が再び着たくなる（であろう）頃合いの少し前を狙って作り始めることを続けている。ボタンダウンシャツ〈リンカーン〉もそのひとつ。

ボタンダウンシャツといえばアイビースタイルの定番、アイビースタイルはアメリカ発祥、アメリカといえば大統領、有名なアメリカ大統領といえばリンカーンという、連想遊びから命名した。

ヘビーオックスフォードという厚手の生地を使い、ネクタイを結んでジャケットに合わせても、一枚で着ても綺麗に着られるようにデザインした。再開にあたって、リンカーンを基本にして改良した新しいボタンダウンシャツであることを表現したいという思いから、名前も進化させることにした。リンカーンと同じくアメリカから連想を始め、アメリカの首都名のD.C.の部分を、ボタンダウンの略表記のB.D.ともじって〈ワシントンＢＤ〉と名付けた。

これから数年かけて刷新していき、完成した頃にまたボタンダウンシャツが流行るといいなと思っている。これは流行を先読みするということではなくて、今はあまり見ないけれど本当は必要とされている服を作り続けたいという、僕たちの〈思い〉である。［写真12・13頁］

## 少年パンツ

相反する、少年っぽい匂いと成熟した雰囲気、そこに少しおじさんのエッセンスが足されると僕たちらしい服になると考えていて、このパンツにはその要素がぎゅっと詰まっている。
太もものあたりがゆったりとしていて、膝下あたりから裾に向かって少し絞った形になっている。最初に発表した頃、タックが入ったパンツは、おじさんが穿く垢抜けないズボンという印象だった。しかし〈少年パンツ〉と命名したことで、若々しさを併せ持つパンツであることが表現できた。

ある方向から見るとおじさんっぽく見える服でも、視点を変えて逆の方向から見ると、若々しく見えることがある。〈ダサい〉というのは〈格好いい〉と紙一重で、少しダサいと思われている服に、その時々のエッセンスを少し取り入れると、バランスの取れたものが出来上がる。少年パンツはそれを象徴するような服で、不思議な魅力がある。

僕たちの服には、全て名前が付いている。名前はとても重要だと考えていて、料理の最後に調味料で味を調えるように、いつも名前で味付けを調整している。この少年パンツは、名前で上手く調理できた好例だと思う。

格好いいことを書いたが、品番で注文をされてもそれがどの服なのかすぐにわからないので、区別しやすいよう次第に名前を付けるようになった、というのが本当の理由である。面白いもので、名前があると覚えやすいだけでなく、服の個性が明確になり、より愛着がわくようになった。［写真14・15頁］

## パナマファイブ

ボーリングシャツの要素が入ったゆるい開襟のシャツで、春は綿、夏は綿麻、秋冬はコーデュロイと素材を変えて、季節ごとに作っている。シャツとジャケットの中間のような感覚の服で、秋冬のコーデュロイのものは薄手のGジャンのように羽織ることもできる。

パナマ素材を使った開襟の五分袖丈のシャツということで〈パナマファイブ〉と名付けた。その後、様々な素材で、長袖や半袖も作り始めた。今や五分袖丈はなくなって半袖と長袖だけとなり、パナマ素材では作っていないので、もはやパナマでも、ファイブでもないが、この名前に愛着があるので、呼び名はそのままで作り続けている。

最初のモデルを知らない人は、なぜこの名なのか、疑問で仕方がないだろう。しかし時代を経て定番になったものは、その由来はすっかり忘れ去られて、その名前に何の疑問も持たなくなるものだと思う。いつかの日か、この形の開襟シャツをパナマファイブと呼ぶことが当たり前になるくらいの定番服に育てていきたい。［写真 16頁］

## チャコールヘンリー

ヨーロッパの古着には、シャツ生地だけれどTシャツのような軽い印象のものがある。その雰囲気で、カットソーだけれどシャツ、シャツだけれどカットソーのような、ふたつの間に位置する服が作れないだろうかと考えた。

その発想を形にする方法として、あまり伸び縮みしないシャツ用の生地を使って、カットソー専門の工場で縫製してもらうことを思い付いた。シャツを作る工場とカットソーを作る工場は、持っているミシンの種類もそれぞれ専用のもので、全く性格が異なる。通常ではあり得ない方法だが、面白い工場の使い方をしたことで、気楽に着られるけれどカットソーほどゆるくない、品のある服が完成した。

体を使って仕事をしている人たちが着るワークウェアのような風合いの服を〈チャコールシリーズ〉と銘打ち、これまでにいくつか作ってきた。イメージは、綿工業が盛んになった産業革命の時代、機関車で石炭をくべる人たちや、煙突掃除をする人たちが着る服。炭色（チャコール）に汚れてしまっても、それが味わいになるような服の総称で、〈チャコールヘンリー〉もその流れを汲んだシャツである。［写真 33頁］

## プリントTシャツ

ブランドのプリントTシャツというとロゴが刷られたものが定番だが、プリントデザインの定番があってもいいのではないかと考えた。その発想で最初に作ったのが〈Home〉とプリントしたシリーズ。それ以降も〈OFRANCE〉〈LIFE〉〈NIGHT POOL〉〈1234,2234〉〈CAMP〉〈SHE SAW SEA〉など、様々な言葉やイラストレーションをプリントしたTシャツを作ってきた。意味よりも字面として格好いいフレーズをプリントしたTシャツが多いと思うが、僕たちの服に対する意思が伝わる言葉を選んでいる。

最初の頃はシルク印刷が自作できる器材で、全て手刷りしていた。完全な手作業なので、インクが上手く載らず、掠れてしまうこともあったが、それは手刷りの〈味〉としていた。

プリントだけでなく、生地の染色に挑戦したこともあった。着古した雰囲気を出そうと、鉄の染料を買ってきてTシャツを染めることにした。生地を煮出して、洗い流した後、乾かしていった。何分くらい染料に浸けたらちょうどいい色になるだとか、一気に日光に当てると日焼けしてしまって駄目だとか、そんな試行錯誤を重ね、ようやく着古したように染め上がったTシャツが完成した。そのTシャツに自分たちでプリントして、完全なる手作りで一枚一枚仕上げていった。

現在は工場で印刷しているが、手刷りの雰囲気を表現するために、意図的に少し掠れたようにプリントしている。手刷りしていた頃は不慣れのためにできてしまった掠れが、今となっては僕たちのTシャツ作りの歩みを象徴しているようで、愛おしく思えるようになった。

[写真34・35頁]

## 刺繍Tシャツ

ワンポイントの刺繍を入れたTシャツを作るアイデアがひらめいたが、ただ可愛らしいだけではなく、その刺繍デザイン自体にしっかりとした背景を付けようと考えた。

最初、刺繍デザインを表したことわざを創作しようとしたのだが、それが思いの外難しく、早々に断念した。次に、超短編小説集の発売記念として作った刺繍Tシャツという架空の設定を思い付き、物語ができる前に、この案で作ることを決めてしまった。

「犬と老主人の海」「猫のジレンマ」「雪のふる町」「少年とオカピ」「おじいさんの車」など、物語のタイトルと刺繍デザインを先に仕上げた。しかし、肝心の小説のあらすじが全く思い浮かばず、製品が上がってきた段階でも刺繍Tシャツに添える超短編小説ができていないがために商品が出荷できないという、完全に矛盾した状況になってしまった。

それを猛反省し、次からはタイトル（キャッチフレーズのようなもの）だけを考えて、それに合うモチーフの刺繍Tシャツを作ることにした。タイトルと刺繍デザインから自由に思いを巡らせてもらおうという発想で「迷ったら走RUNか」「今年こそ一緒に行きたいスキーな人」というふたつを作った。物語のタイトルというよりも駄洒落に近い、少し遊びが過ぎたものだったのだが、狙い通り想像を膨らませてもらうことができたようだ。

［写真36・37頁／62頁（刺繍Tシャツのためのデッサン）］

## 花火シャツ

開襟シャツをあまり目にしなくなっていた頃に、夏の開襟シャツの新定番を作ろうとデザインした服である。盛夏に着るシャツであることをわかりやすく伝えるために、夏の風物詩である花火を冠した。扇子や草履が似合いそうな名前だが、デザインにもそれが反映されている。最初のモデルは、インドのカディコットンを使った。カディコットンは、手紡ぎ手織りで作られる、とても涼しくいい生地だが、洗いをかけた時の縮小率が生地の反《たん》ごとに違うので、サンプルで上がってきたものと、本製品のサイズが大きく変わってしまい、品質を保つのがなかなか大変だった。

それ以降、涼しく着られるよう様々な素材を試し、着丈や袖ぐりなどを調整しながら、ようやく現時点での完成形に辿り着いた。開襟シャツもよく目にするようになったが、世の流れと関係なく、夏の盛りの頃に毎年着て欲しいと願っている。［写真38頁］

## トマトとキュウリ

シャツの生地で作ったノーカラーのカーディガンタイプの服で、春から初夏にかけてボタンを留めてシャツのように着るだけでなく、盛夏にTシャツの上から羽織って袖をまくり、短パンと合わせてもよく合う。

ヨーロッパの肌着のような雰囲気で作ったが、名前までヨーロッパっぽいと格好付け過ぎている気がしたので、あえて日本語名にして、最後に味付けした。

真夏の昼下がり、水を張ったタライで夏野菜のトマトとキュウリを冷やし、手拭いで汗を拭きながら縁側で食べている時に着ているシャツを想像して、〈トマトとキュウリ〉とした。最初はとてもシャツとは思えないこの名前に驚かれることも多かったが、今ではトマキューの愛称で親しまれる、春夏服の定番となった。［写真39頁］

STOCKMAN

## Good On コラボレーションシリーズ

Good On はアメリカンコットンを使い、デザイン、縫製などを全て日本で行っているアパレルブランドである。気軽に洗濯機で洗えて、洗う度に生地が詰まり丈夫になっていく服を丁寧に作っている。Tシャツやスウェットを長年愛着していて、その着心地のよさや丈夫さをよく知っていたので、いつか僕たちがデザインした服を Good On に作ってもらいたいと思っていた。

十五周年記念としてそれを実現させたいと相談したところ快諾をいただき、両サイドにポケットが付いた〈ユーティリTｅｅ〉を作ってもらえることになった。生地も染めも縫製も、全て Good On が手掛けたTシャツは予想以上の出来映えで、秋の〈ユーティリティトレーナー〉、夏の〈陶器ボタンのTシャツ〉と、共作が続いていくこととなった。

彼らは「僕たちが作りたいのは、毎日のように着てもらえる普通の服」と話していたが、それは普遍的なもの、いつも使っているけれどそれを意識させないほどの定番になるということで、実はそれが何よりも難しい。流行を追うのではなく〈普通のいい服〉を作ることを一番に考えて、それを長年続けている姿勢を、僕たちの物作りにも反映させていきたい。

［写真 40・41頁］

## ユルリTｅｅ

アメリカ製のTシャツをベースに、ゆったりとしたTシャツをリメイクする感覚で作った。丈が長過ぎるので、途中でカットして短くすることにしたのだが、それならば縫製する時にデザインとして胸ポケットを付けてしまおうという発想から生まれた。

サイズが大きいのではなく、ゆるく着るTシャツであることをわかりやすく伝えたいと考えて、名前は〈ユルリTｅｅ〉とした。ゆったりとしたサイズの服を僕たちが作ると、今までのブランドイメージと違うストリートファッションっぽくなってしまうのではないかと、最初は懸念していた。しかし胸のところに縫製とポケットが付くだけで、印象が随分と変わることを発見した。生地の上から縫い付けるパッチポケットは可愛い印象だが、このポケットは洗練された雰囲気で、ゆるめの服を敬遠していた大人の方々にも抵抗なく着用してもらえたようだ。

外から持ってきた新しいものを味付けし直して、それまでとは違う視点から自分たちらしく提案すれば新鮮ないい服が生まれることを、このTシャツは教えてくれた。　［写真42・43頁］

## SUN PANTS

真夏に穿くイージーパンツで、灼熱の太陽にも負けないという意味を込めて〈SUN PANTS〉

と名付けた。真夏のパンツなので汗をかいたら気軽に洗えるように、ガンガン洗濯してもへこたれない、高密度で薄手のタイプライター生地を使った。

腰のところを全てゴムにすると部屋着みたいになってしまうので、フロントはスラックス仕様にした。リラックスした雰囲気のパンツを穿いている時に「パジャマみたいだね」と言われると、結構ショックなもの。このパンツは風通しがよく、着用している本人はパジャマのような快適な穿き心地なのだけれど、見た目はスラックスのように上品である。暑い季節でもしっかりとしていて綺麗に見えるというのは、とても重要な要素だと思う。［写真44・45頁］

## セキュリティ・デイバッグ

デイバッグが好きでずっと愛用しているが、背負った時に無防備になってしまう小さいポケット部分に財布を入れておくのが常々心配だった。ポケットのチャックが開きっぱなしになっていて、中に財布があるのをちらつかせながら歩いている人をよく見掛けるが、人混みや駅のホーム、交差点で信号を待っている時に、落ちてしまったり、すられてしまったりしないだろうかといつも心配になる。

その問題を解決するために、底の部分に財布を入れるためのポケットを取り付けた。チャックの開き口が背中側に付いているので楽に出し入れでき、財布を落とす心配もない。安全面に配慮したことを表現して〈セキュリティ・デイバッグ〉と名付けたバッグを、OUTDOOR PRODUCTSの日本国内の工場で、特別仕様として制作してもらった。

ただ格好いいだけではなく、実用性も兼ね備えた服を作りたいと常々考えている。財布を入れるためのポケットを底に取り付けたという単純な工夫だが、そういう小さな仕掛けがあることで、より愛着がわいてくる。［写真46・47頁］

## フォールバッグ

保温性に優れた、暖かいコーデュロイで作ったショッピングバッグである。偶然手にしたアメリカのスーパーマーケットの袋が格好よく、かつ機能的でとても使いやすく、普段の買い物で使っていたのだが、ビニール製なので一ヶ月も経たないうちに破れてしまった。

この買い物袋の形を元に、気軽に使えるけれどしっかりとしたバッグを作ろうと考えた。とても簡素な形状だが、参考にした袋のままではなく、荷物がたくさん入ってふっくらした時にも綺麗なシルエットになるよう工夫した。

実りの季節である秋〈Fall《フォール》〉に、収穫物をたっぷりと〈放《ほう》る〉ことができるバッグという、ふたつの趣意を込めて名付けた。内側に綿生地が張ってあり丈夫で、肩掛けもできるので重い荷物を運ぶ時にも便利である。

他にも、サクラコートと同じ馬布で作ったサクラカバンや、チェスターコートで使ったウール生地で作ったヒツジカバンなど、いろいろなバッグを作っている。どれも服作りで出会った最高の素材を厳選して制作した、僕たちの服のエッセンスを凝縮したバッグである。

［写真 48頁／85頁（サクラコートとサクラカバン）］

## ベルボーイジャケット

ホテルのベルボーイが着ているようなジャケットを主題に、堅過ぎず、柔らか過ぎないデザインに仕上げた。春夏と秋冬で生地を替えて毎年作っている、僕たちを代表するジャケットである。少年パンツとセットで楽しんでもらえるよう、毎回ふたつを同じ生地で作っている。ジャケットは元々スーツから派生したもので、普段着としては少しかしこまり過ぎている。それをバランスのいい日常服に仕上げるために、微調整を何度も繰り返してきた。たとえば、前身頃の裾はどれくらいの丸みにしたら軽やかでかつ綺麗に見えるか、襟の太さをどれくらいにしたらバランスがよくなるかなど、今でも毎回細かな修正を重ねている。

細くて格好いいジャケットではなくて一見ゆるい印象だが、ウエスト部分が少し絞り込まれていて、着た時に綺麗に見えるように工夫した。快適な着心地だけれどジャケットのいいところをしっかり表現できたことが、長く愛されている理由なのかもしれない。［写真 66・67頁］

## TIED UP PLEASE

ノーネクタイのスーツスタイルが多くなり始めた頃、スーツを着るのならばネクタイを結んだ方が絶対に格好いいと思いながら、世の流れを見ていた。気楽なスーツスタイルが広がっていく中で、「プラスするお洒落をしませんか」という提案をする、スーツに特化した新ラインを作るという構想から誕生したのが〈TIED UP PLEASE〉である。

姿勢をスタイリングするという考えの元、〈オールドマン〉〈ダンディマン〉〈スタイリッシュマン〉の三型を作った。オールドマンは、労働者たちもまだジャケットを着用していた二〇世紀前半の頃のヨーロッパのワークウェアのような、丸みを帯びたゆるい雰囲気。ダンディマンは、ダブルブレステッド（前ボタンが二列に並んだスタイル）のジャケットにツータックのパンツのような、伊達男のイメージ。スタイリッシュマンはその名のごとく、洗練された凛としたスタイル。

トラディショナルなスタイルだけれど、王道ではなくて遊び心もある、僕たちの考える〈ネクタイを結ぶスーツのお洒落〉をしっかりと表現したい。　［写真68・69頁］

## サンデーシャツ

これまでにないポケットが付いたシャツを作ることを真剣に考えた末に生まれた服である。オーバーオールのポケットから着想して、前後の裾あたりにポケットを取り付けた。縫製も、カバーオールをヒントにした。岡山にあるデニム工場で、カバーオールを縫う時に使う三本針を使い縫製している。その工場にはステッチの幅を細く巻けるように改造した機械があって、それを使った。ステッチが太いと、アメリカンワークウェアのような印象になるが、細いステッチにするとヨーロッパの洋服のような雰囲気になり、ワークウェアの風合いを残しながらも、優しい佇まいに仕上げることができた。

休みの日は前後のポケットに最小限の荷物を入れて、バッグを持たずに出掛けて欲しいこと、そして日曜大工などで使う、道具を入れる腰袋のイメージから〈サンデーシャツ〉と命名した。その名の通り休日が似合う、ゆるやかで心地のいいシャツである。　〔写真70・71頁〕

## アトリエシャツ

初めての店を出すにあたり、顔となる服を作りたいと考えた。センスのいい古着屋には、それがあることで箔が付くような、その店を象徴する服が置いてある。僕たちの考え方を表現していて、かつ店の顔となる服は何だろうと考えた時に、真っ先に浮かんだのが、襟のないバンドカラーのシャツだった。

当時はボタンダウンシャツが流行っていて、バンドカラーのシャツを着ている人はほとんどいなかった。建築家や芸術家、大学教授のような堅い職種の方が着るクラシカルな雰囲気のシャツで、他とは違うものを持っている人物という印象を与える存在だった。バンドカラーのシャツは少し違和感のある服だったのかもしれない。しかし、違和感がある服の方が、着ていて楽しいと常々感じていた。そして違和感のある服には、哲学のようなものを感じる。だからこそ、僕たちを象徴する服としてふさわしいと考えた。

堅いイメージがあったが、仕上がったシャツに袖を通してみると、カットソーのような気分で気軽に着られることを発見した。襟があると重い印象になってしまう夏場でも爽やかに着られるが、同時に上品さも備えている。

発表したばかりの頃は珍しかったバンドカラーのシャツも、十年経って当たり前のように目にするようになり、今ではすっかり僕たちの看板のひとつとなった。［写真72・73頁］

## 陶器ボタンのシャツ

以前勤めていた店で扱っていたイタリア製のシャツに、陶器製のボタンを使ったものがあった。シンプルな形のシャツだが、陶器のボタンが付いていることだけで個性が際立っていた。そのシャツのことをずっと覚えていて、ブランドを始めたばかりの頃から、いつか陶器ボタンのシャツを作りたいと考えていた。

陶器ボタンを探し歩いたものの、ひとつも見付けることができなかった。このまま探し続けるよりも、一層のこと自分たちで作った方が早いのではないかと思い立ち、手作り陶芸キットを購入してきて、試作することにした。まず粘土をボタンの形に成形して、オーブントースターを使って焼くのだが、鉢のような素焼きの状態のものまでしか作ることができず、自作する方法は早々に断念した。

そんな最中に目にしたのが、女性陶芸作家〈ルーシー・リー〉を特集した雑誌の記事だった。一九〇二年生まれで、イギリスを拠点に一九八〇年代まで数多くの作品を創作し続けた彼女が、作陶できなかった戦時中に、生計のために陶器でボタンを作っていたことを知った。陶器ボタンを作るために奔走していたタイミングでのルーシー・リーとの出会いが必然のように感じられ、絶対に作る方法を見付け出そうと模索を続けた。

次に、陶芸教室を探すことにした。陶芸教室に通えば、手ほどきを受けながら、自分たちの手で陶器ボタンが作れるかもしれないと考えたのだ。近場にある陶芸教室を調べて電話を掛けて、陶器でボタンを作りたいことを伝えたのだが、これまでに作ったことがないという理由から、立て続けに断られてしまった。しかし、何軒目かに電話した教室の先生が、陶器ボタンを作りたいという話に興味を示し、一度会って相談に乗ってくれることになった。

その教室の先生は、芸大の陶芸科卒の若い女性で、クラフトフェアに出展して作品を販売するなど、陶芸作家としても活動していた。ルーシー・リーのファンでもあった彼女は陶器ボタンのことも知っていて、僕たちの相談を親身になって聞いてくれた。そして、全くお金にならないようなことにも関わらず、力を貸してくれることになった。

強度を保つためにはどの土を使えばいいか、ボタンに適した大きさにするにはどれくらいに成形するといいか、色を付けるのにはどうすればいいのかなど、多くの課題にひとつひとつ丁寧に答えてくれた。たくさんの助言と手厚い指導をいただき、失敗を繰り返しながらようやく、美しく洗濯しても割れることのない陶器ボタンが完成した。

それ以前にも、様々な素材でボタン作りに挑戦したことがあった。思い返すとそれらは、とてもプロの作品としては通用しない、夏休みの小学生の工作に毛が生えた程度のつたないものばかりだった。

デッドストックのボタンのレプリカを作ろうと思ったのだが、工場にオリジナルで作ってもらう予算もなく、それなら自分たちで型を作って自作しようと考えた。ボタンを作るためのハンドメイドキットが売っていたので、それを使って作ってみたところなかなかの出来で、早速服に取り付けて展示会に出品した。

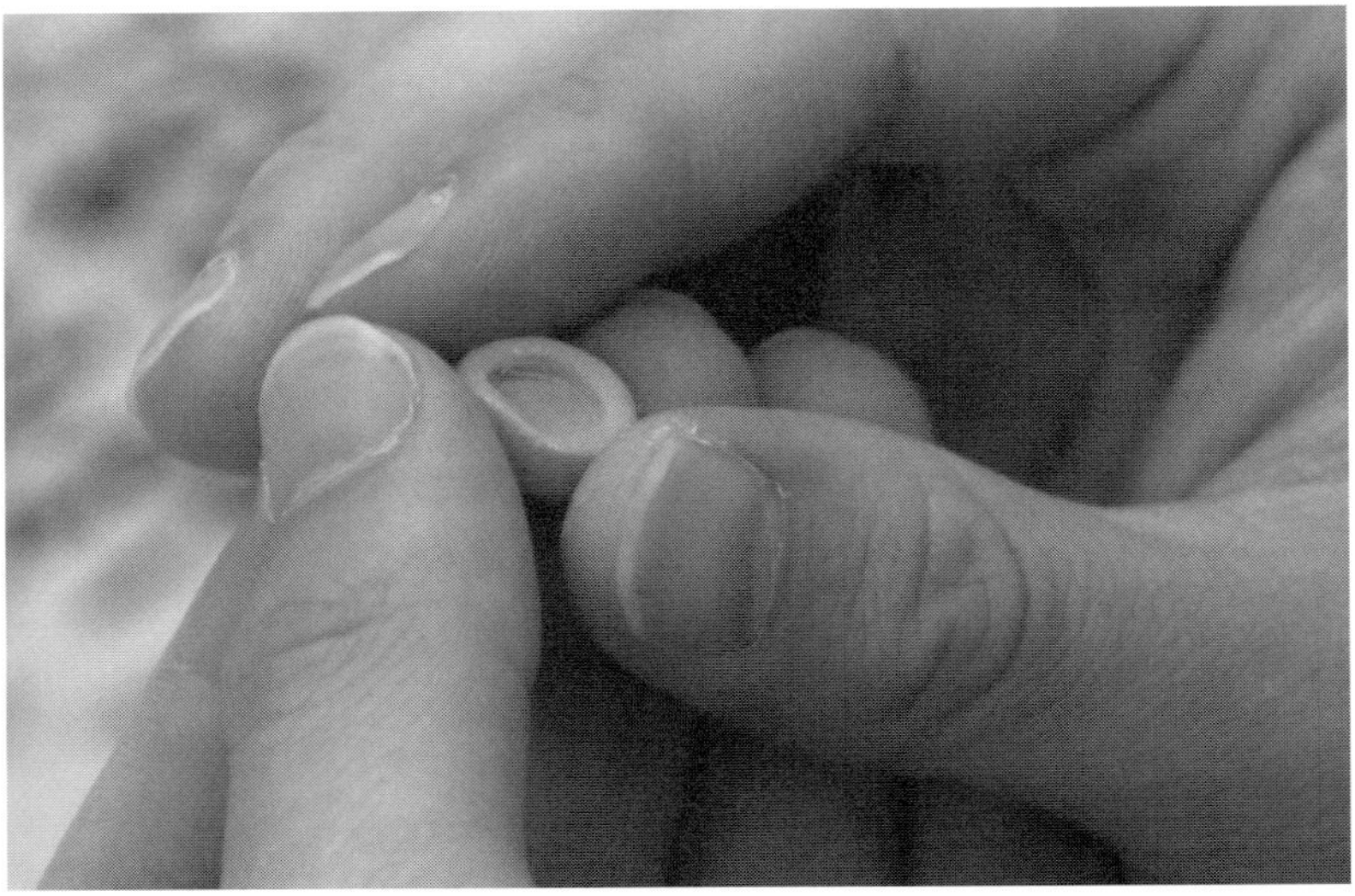

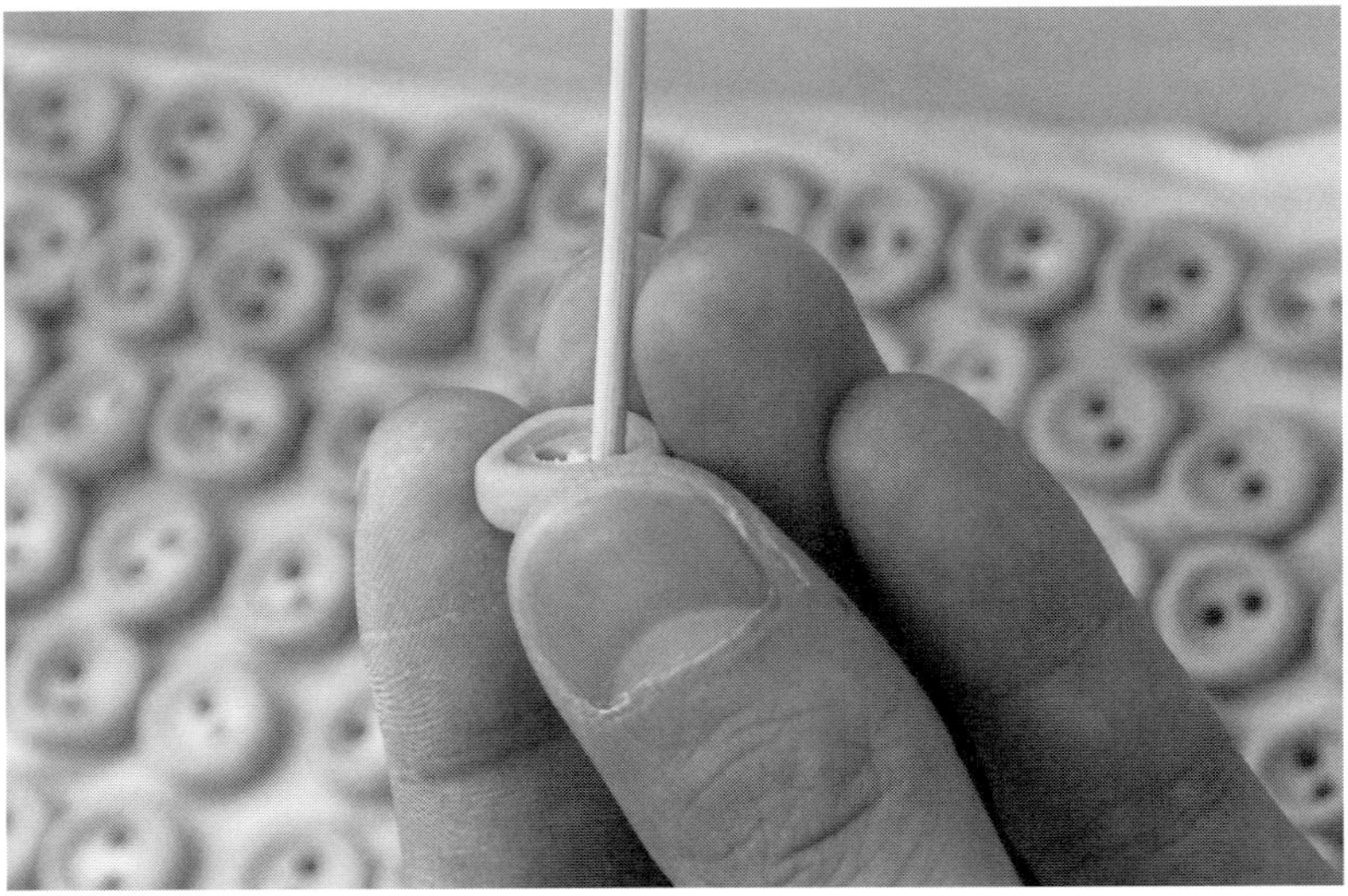

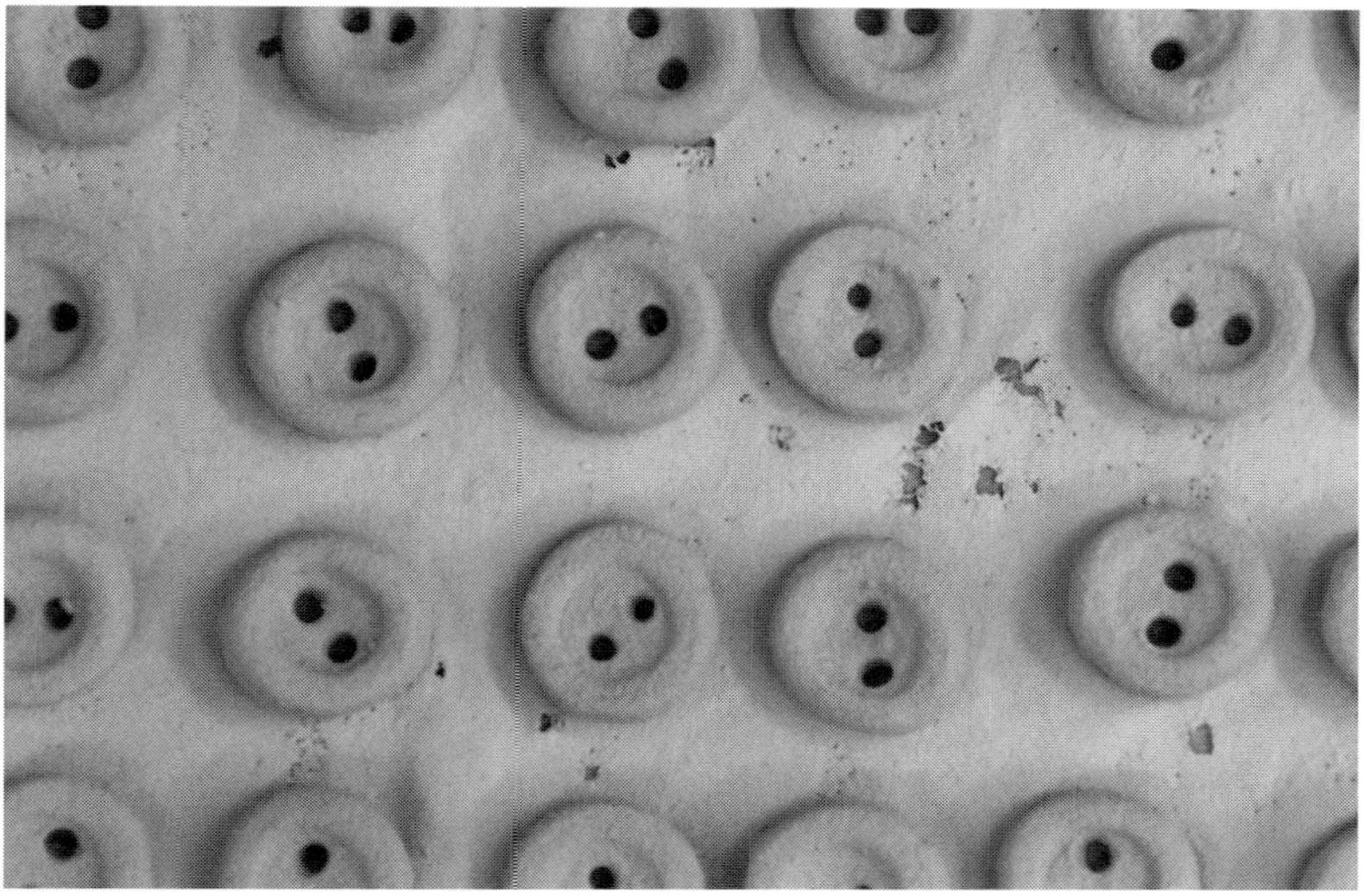

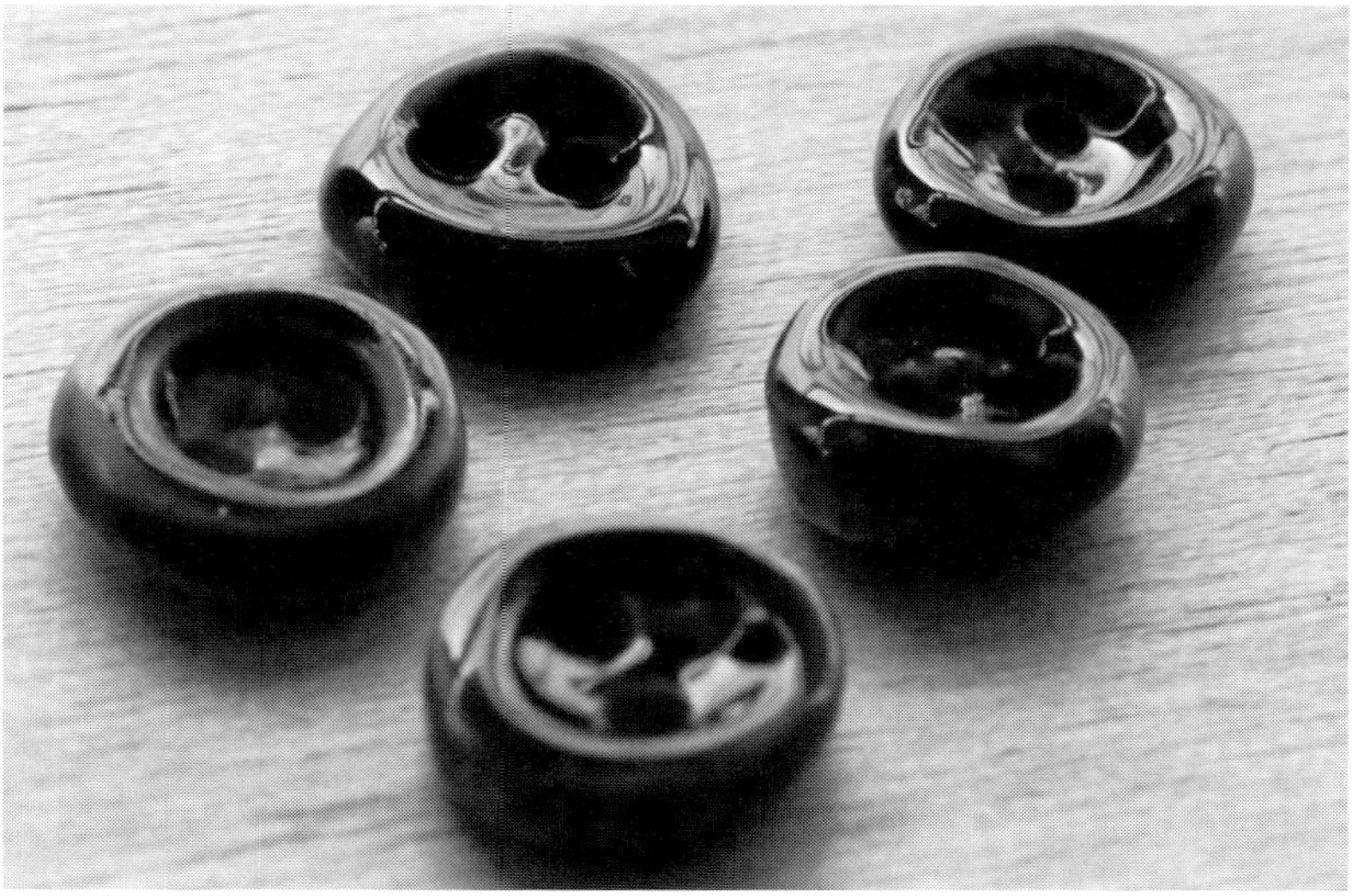

その服は好評で注文も入り、量産することになったのだが、最後に服を洗って仕上げる〈製品洗い〉と呼ばれる行程で、問題が起きた。製品洗いをしたら、芯の部分だけ残してボタンが全て溶けてしまったのだった。ハンドメイドキットのメーカーに電話をしてそれを伝えると、「そんなふうに洗ったら溶けてしまうことは、ちゃんと記載してあります」という冷静な返答。その時は怒りが収まらなかったが、今となっては笑って話せる苦い経験である。

自分たちの手で試行錯誤していく実験的な物作りの集大成とも言えるのが、陶器ボタンである。最初にお世話になった陶芸教室で、今でもスタッフ総出で手作りしている。全て手で成形していくので大きさや形、ボタンホールの開け具合がひとつずつ違うが、それを味わいと感じ、愛着してくれる方も増えた。

専門の会社に頼めば、もっと綺麗に早くたくさん作ることができるが、自分たちの手を動かして作るよさがある。世の中にないものを、失敗をしながら時間をかけて作り上げていくことは正直かなり面倒だが、全く苦ではなかった。陶器ボタンのシャツを完成させるまでの過程で得た経験は、お金では買うことができない大切な財産として、僕たちの中にずっと残っていく。

［写真74・75頁／92・93頁（陶器ボタン作陶風景）］

## Easy Carde

普通の生地は裁断すると糸がほつれてくるが、圧縮したウール素材は切りっぱなしでもほつれない。その特性を生かし、どこまで削ぎ落とした無駄のない服が作れるかということを考えてデザインしたカーディガンで、未完成ゆえの面白さが上手く表現できた。

少しゆったりとした形なのでいろいろな服と合わせやすく、カーディガンに苦手意識がある人も、軽めのウールジャケットのような感覚で気軽に着られる。

カーディガンは、着た時にすっと肌に吸い付くような、体に馴染む感覚が大切だと思う。最初の試作品はステッチを入れてジャケット風に仕上げたためか、着た時にその感覚が全く感じられない服になってしまった。そこで、縫製した部分を断ち切ったところ、カーディガンの肌に馴染む感覚と、ジャケットの上品さを兼ね備えた服に変身した。試作で失敗してしまったが、そこから思い切った修正をしたことで生まれた服である。［写真76・77頁］

## エレベスト

他では絶対にできない、振り切ったベストを作ろうというところから発想を始めて、僕たちらしいベストとはどんなものだろうと真剣に考えた。

登山とともにアウトドアが人気で、軽量化されたダウン製品が流行していた。当時はダウン製品を作る工場との付き合いがなく作ることができなかったので、それを逆手に取り、今できる技術の中で、世の中にないベストを作るという考え方に切り替えた。そして思い付いたのが、流行に逆行するような、綾になっている分厚いウールを使って、あえて重たい中綿のベストを作るアイデアだった。

とても縫製しづらく、ミシン針が頻繁に折れてしまう工場泣かせの服だったが、頭を下げて何とか作ってもらった。

ベストといえば登山服という連想から、真っ先に世界最高峰のエベレストが浮かび、〈べ〉と〈レ〉を入れ替えたら〈エレベスト〉となることに気付いた瞬間、名前はこれしかないと即決した。

できないことや不得意なこと、流行していることを無理にするのではなく、自分たちにできること、得意とすることを真剣に突き詰めた結果、出来上がった服だった。［写真78・79頁］

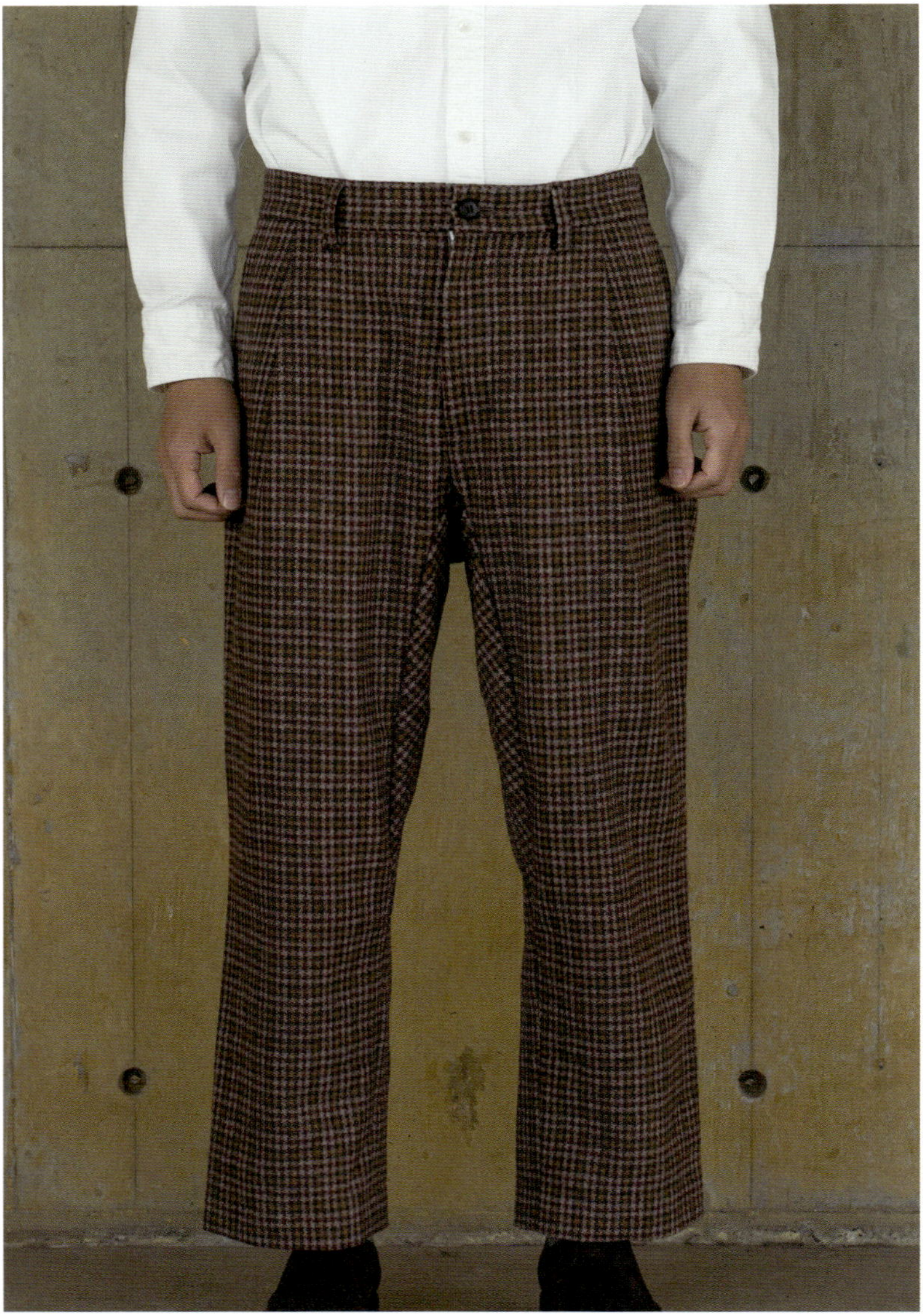

## ディフェンダー

首からすっぽり被るアウトドア用のフリース素材のネックウォーマーをヒントに、実用性があり日常のファッションアイテムとしても使える手軽な防寒具を考えた。素材ごとに東京・ロンドン・ノルウェー・モスクワと、世界の都市名や国名を冠した四種類を作った。東京は洋服を汚れから守ることに特化した薄手のコットン、ロンドンはツイードとコーデュロイ、ノルウェーはボア素材、モスクワはフェイクファー。

真冬でも、暖房の効いた室内や電車内は暑く、首まわりに汗をかいてしまうことがあるが、コートやニットなどの冬物は頻繁にクリーニングに出すのは難しい。それにマフラーを外してバッグの中に入れると、案外かさばってしまうものである。場所も取らず、防寒したい時やコートを汗などの汚れから守りたい時に実力を発揮してくれるアイテムで、〈ディフェンダー〉の名前には、寒さと汚れのふたつを防ぐという意味が込められている。［写真97頁］

## ブレイザーズ

僕たちの定番服のひとつにベルボーイジャケットがあるが、もう少し気軽に着られるジャケットを作ろうと思ったのが始まり。最初に思い浮かんだのが一九九〇年頃に流行した紺のブレザー（紺ブレ）だった。ベルボーイジャケットはヨーロッパのテイストだがそれとは違う、どちらかと言えばアメリカのカレッジスタイルであるアイビーを基本に、僕たちが考える新しい紺ブレを作るという発想で膨らませていった。

　紺ブレをそのまま作るのでは面白くないので、お決まりとも言える部分にあえて手を加えた。紺ブレというと金ボタンが定番であるが、くるみボタンにして真ん中に少しだけ金色のハトメをあしらった。もうひとつの決まりごとであるポケットのステッチも、中縫いにして表に出ないようにした。そして、ゆったりと着られるよう、絞り過ぎずゆる過ぎない、バランスのよいボックス型にして、制服の匂いも感じられる綺麗なシルエットに仕上げた。

先駆者を意味する〈Trailblazer《トレイルブレイザー》〉と、ブレザーを掛けて名付けたが、新解釈によるブレザーの先駆者となることを目指して、ずっと作り続けたい。［写真98頁］

## チェスターコート

### ラムコート、バーボンコート、スコッチコート、コニャックコート

　お酒の名前を付けたチェスターコートをシリーズで作っている。洗いのかかったガザッとしたウールのものは、かつては労働者が飲んでいたお酒のラム酒と羊のラムを掛けて〈ラムコート〉、高級感のある素材のものは高級酒コニャックから〈コニャックコート〉というように、

生地のイメージに合わせたお酒を冠した。

チェスターコートは、ジャケットに合わせて着る大人のコートという印象があるが、合わせ方次第で幅広く楽しむことができる。たとえば、革靴を合わせたら落ち着いた印象だが、リュックを背負ってスニーカーを合わせれば軽やかに着られる。両極端の着方が味わえる、懐の広いところがチェスターコートの魅力で、それを引き出すことを一番に考えた。［写真99頁］

## ノルディックセーター　ノルディックハイネック

僕（澁谷）の出身地である新潟県見附市は古くから繊維産業が盛んで、織り機の音が響く環境で育った。特にニットの産地として知られており、様々な有名ブランドのニットが見附市の工場で作られている。繊維工場が海外に移行している中でも、町には高い技術を持った工場がたくさん残っていて、高品質のニットを作り続けている。

地元の素晴らしい技術を借りていい服を作ろうと、これまでに見附市の工場で様々なニットを作ってもらった。その集大成と言えるのが、〈ノルディックセーター〉と〈ノルディックハイネック〉である。

このニットの一番の魅力は、ウール百パーセントでかなりの肉厚にもかかわらず、驚くほど毛玉ができにくいこと。毛玉ができるのは高品質の証拠だと言われることもあるが、質が高くて毛玉ができないニットが一番だと思う。

正直に言うと、毛玉ができないように意図的に作った訳ではなくて、たまたま毛玉になりにくいニットが完成した。無数の毛糸があって、数えきれないほどたくさんの編み方があるから、毛玉ができないニットができるかどうかは、実際に作ってみないとわからないそうだ。

僕たちのニットに毛玉ができなかったのは偶然の産物ということなのだが、見附市の工場が長年に渡り真摯にニット作りと向き合ってきた成果に他ならない。これからも生まれた町の工場で、いいニットを作り続けたい。［写真100・101頁］

## ウールパンツ

ブランドを立ち上げた当初から、いろいろなウール素材のパンツを作ってきた。綿素材のパンツの方が、季節に関係なく一年を通して穿けるが、ウールパンツは寒い時季だけの特別な服だと気付いてから、とても愛おしい存在になった。その冬初めて暖かいウールパンツに足を通す時は、これから楽しい冬を迎えるのだという高揚感とともに、優しい気持ちになる。

ウールの欠点でもあり魅力でもあるのは、色染めすると素材によっては丈が予想以上に短くなってしまうことである。試作の時に縮み過ぎて裏地が出てしまったこともあったが、逆にウールが圧縮されて肉厚になり、丈が縮んで偶然ちょうどよい加減に仕上がったこともあった。

それに、全く同じウール素材でも、色によって丈の縮小率が大きく異なる。均一にならないことは、製品を作る上では苦労する部分だが、色によって個性が違うのは人間みたいで、とても味わいがあっていいなとも思う。そんなところも、ウールパンツを愛おしく感じる理由なのかもしれない。［写真102・103頁］

## サザンカコート

毎春作っているサクラコートが、僕たちのステンカラーコートとして定着しているので、冬のステンカラーコートは作らないでいた。常々「今、本当にそれを作る必要があるか」ということを考えている。今流行っているから、という視点とは真逆の考え方で、他のブランドがやっていない、僕たちが手掛けるべき服だけを作るようにしている。

冬のステンカラーコートによさそうな素材を見付けた時に、着用する場面に合わせて温度調整ができるよう、取り外しできるライナーが付いたコートのアイデアを思い付いた。どこでも暖房がかかっていて、屋外との寒暖差が激しい現代には必要な機能で、サクラコートとは違う意義のある、まだ世の中にない服ができると考えた。

同じステンカラーコートでも、ふたつの作りは全く異なっている。サクラコートは春のコートなので軽やかさを重視しているが、冬のサザンカコートは中に厚手のニットなどを着ても動きやすく、しっかり防寒できるように細かい作り込みをした。

冬のステンカラーコートを作るのなら、名前はサクラコートのイメージを受け継ぎたいと思い、冬を象徴する日本の花の中からサザンカの名を冠した。［写真104・105頁］

## オリオンコート

僕たちが考える新しいダッフルコートを作るという着想から始まり、ダッフルコートに近いけれど全く違う定番コートを作るという、矛盾した視点から生まれた。

冬の澄んだ美しい夜空を連想するような、深く鮮やかな青いカシミヤ・メルトンの生地を見た瞬間、他にはないコートが作れるかもしれないと思った。暖かくしっかりしているけれど、優しく柔らかなこの生地と、大きな水牛の角のボタンを使うことを軸に据えて、構想を膨らませた。

暖かく着てもらえる工夫を随所に施した。たとえば、ポケットの裏地には、手を入れた瞬間から暖かいようにスエード素材を使った。そして内側のポケットは、ラインが広がっている下方の裾あたりに取り付け、物を入れても形が崩れないよう配慮した。寒い冬に、ポケットに手を入れている姿がとても好きだ。だから、ポケットに手を入れた時に暖かいだけではなく、見た目にも一番さまになるように考えた。

ポケット以外にも、様々な細工をしている。袖の部分の正三角形は、冬の澄んだ夜空に光る〈冬の大三角〉を表現している。コートの裏地には汚れが目立たないよう色の濃いキュプラなどが使われることが多いが、ヘリンボーンと呼ばれるV字型をした織目のある生成りの綿布を使った。生成りの生地を使ったことで、ボタンを開けた時にもうひとつの違う顔を覗かせる。

カシミヤ・メルトンの生地に出会った時の印象そのままに、冬の星座の中でひときわ輝くオリオン座から〈オリオンコート〉と命名した。寒い冬の夜空の下できらりと光るコートとなるように、という願いが込められている。

［写真106・107頁／120頁（オリオンコートのためのデッサン）］

袖口に三角フラップ
(冬の大三角形)

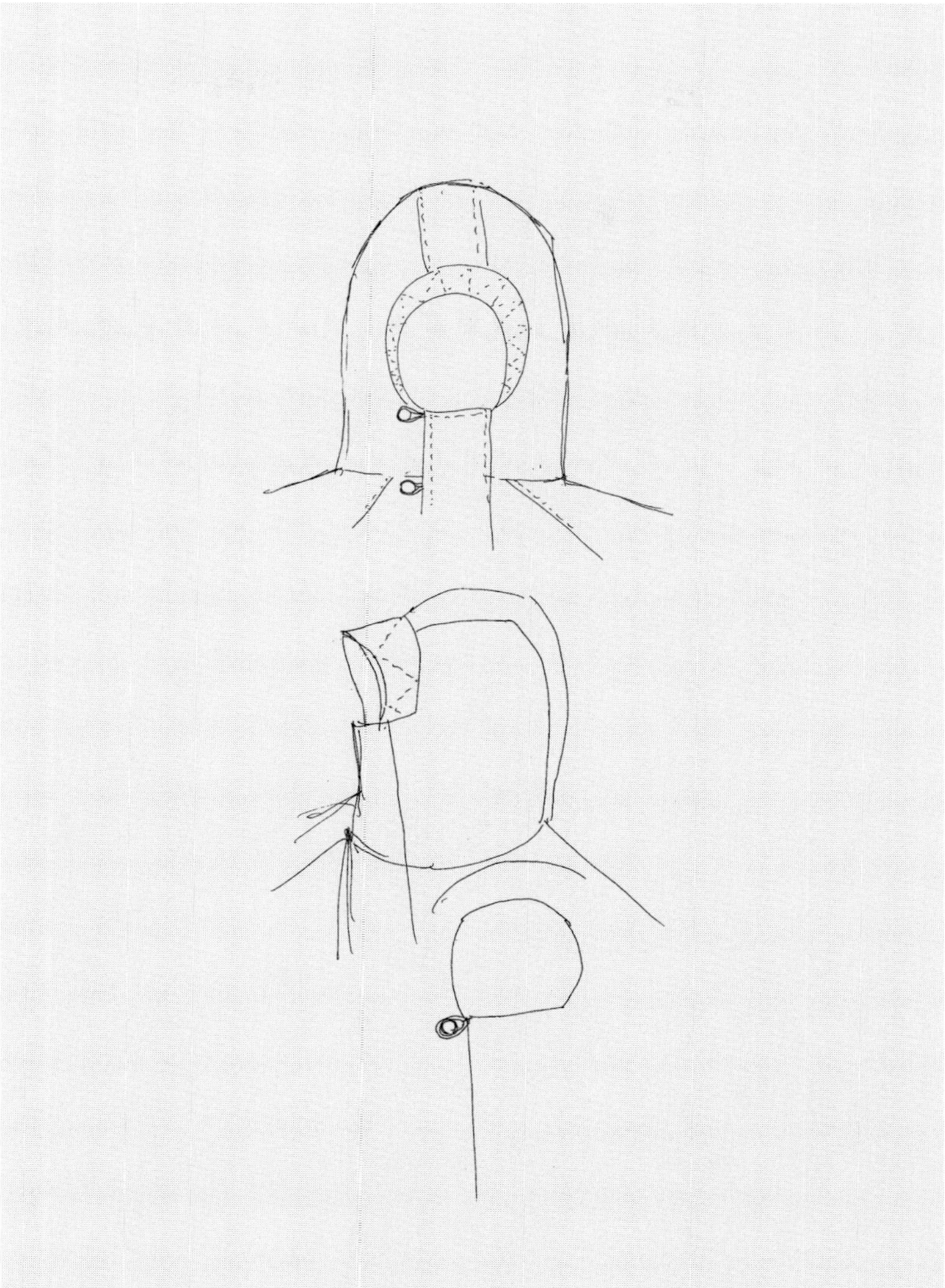

## オーロラマンコート

最初のモデルで完成形に近いものができることもあるが、納得のいくまで毎年のように改良を重ねていく服も多い。一度試着しただけでは課題はわからないもので、着込んでいって初めて改善すべき点が見付かることがある。〈オーロラマンコート〉は改良を重ねながらデザインを変化させていったコートで、四代目でようやくひとつの完成形に到達することができた。

凍える寒さの真冬でも風を通さず首元までしっかり保温してくれるので、マフラーも必要ない。オーロラが望める極寒にも負けないコートを作るという熱情が、その名に込められている。同じ形の服を毎年のように作り続けていると、ついどこかに手を加えたくなる。その服がどこで完成したのかは、時間が経たないとわからないもので、中にはそれ以上手を加える必要はなかったということもある。デザインの好みは、流行もあるが個人の感性によるところが大きいので、これが完成形だと明確に定義できないものなのかもしれない。

スニーカーには、定期的に新しいデザインが発表されるモデルがあるが、最新版が一番いいということではなく、それぞれが好みのものを選んで履いている。それと同様に、オーロラマンコートも進化を続けていって、好みのモデルを選んでもらえるような存在になりたい。

［写真108・109頁／121頁〈オーロラマンコートのためのデッサン〉］

# おわりに

十五年目を迎えた二〇一八年、ブランドを始めた高橋寛治からバトンを受け取った。僕がイールプロダクツを率いることとなり、高橋は会社内で新たな挑戦を始めた。

一年経ってようやく、僕たちが目指すべきは、これまで作ってきたものをしっかりと承継しながら、新しいブランドの形を作っていくことだとわかった。サクラコートや砂浜デニムなど、毎年のように発表できる定番服が多数あることを、とてもありがたいと思う。その品質を落とさぬよう真摯に作り続けると同時に、心が躍るような服を作り出すことの大切さと、大変さを実感している。

これまでにない発想の服を創作しようと格闘する高橋の姿をずっと傍らで見てきたので、彼がこれまでに作り出した服とどうしても似てしまう。しかし僕たちにはまだ、生み出せるものが必ずある。それは、地下深くにある鉱脈を掘り当てる作業に似ている。その道中はとても険しく辛いが、新しいアイデアを見つけた瞬間は、この上なく楽しい。

僕がブランドを引き継いだというものの、ひとりではなくチームで服を作っている。それはメンバーのスパイスを足し引きしながら、全員で料理を作り上げていくようで、最後に料理長の高橋が試食してメニューに並べるかどうかを判断する。そう簡単に彼の舌をうならせることはできないが、だからこそやりがいがある。

僕が十代の頃、ファッションは生活から切り離された場所にあった。少し背伸びをして手に入れる、憧れの存在だったが、あれから二十年以上が経ち、服は生活とともにある、身近なものになった。世界中の情報が瞬時に検索できるようになり、流行の服が手軽に手に入れられるようになった。流行は画一化されてしまったように見えるが、情報化が進んだことで嗜好は多様化し、選択肢は増えたと思う。ファッションだけが好きという人は少なくなったが、それは決して悪いことではない。

イールプロダクツはファッションブランドではあるが、いろいろな発想で新しいものを生み出していきたいと考えている。たとえば他の分野の様々なものと服を繋ぎ合わせて、まだ世の中にないものを創造することにも挑戦したい。繋ぎ合わせるものが、服から遠く離れた場所にあればあるほど、形にすることは大変であるが、実現できた時の喜びは大きいだろう。皆をワクワクさせる新しい何かを作り出すことの楽しさこそが、僕たちが服を作り続ける原動力となっている。それだけは、これからもずっと変わることはない。

二〇一九年四月

イールプロダクツ　澁谷文伸

## イールプロダクツ

EEL〈Easy Earl Life〉Products

2003年4月に高橋寛治により設立されたファッションブランド。イール（EEL）は、「伯爵の気楽な暮らし」を意味する〈Easy Earl Life〉の頭文字を取ったもの。「世の中にありそうでなかった服を作る」をコンセプトに、サクラコート、砂浜デニムなど、定番となっている数多くの服を生み出し続けている。2009年東京・五本木に、2013年東京・中目黒に旗艦店を開店。

members

高橋寛治（たかはし・かんじ）
澁谷文伸（しぶや・ふみのぶ）
萩原真之介（はぎわら・しんのすけ）
渡会謙太（わたらい・けんた）
柳澤一人（やなぎさわ・かずと）
倉橋央（くらはし・ひろし）
山口夏代（やまぐち・なつよ）
野々垣寿人（ののがき・ひさと）
米山拓也（よねやま・たくや）
白勢淳美（しろせ・あつみ）

写真　村上昌弥、イールプロダクツ（17、92、93頁）
カバーイラストレーション　日置由香
編集・デザイン　藤原康二
モデル　相場正一郎、葉和、柳澤一人
協力　LIFE son、中川裕子

イールプロダクツ
EEL〈Easy Earl Life〉Products

2019年5月18日　初版第1刷

著者　イールプロダクツ
発行者　藤原康二
発行所　mille books（ミルブックス）
〒166-0016　東京都杉並区成田西1-21-37 # 201
電話・ファックス　03-3311-3503　http://www.millebooks.net
発売　株式会社サンクチュアリ・パブリッシング（サンクチュアリ出版）
〒113-0023　東京都文京区向丘2-14-9
電話　03-5834-2507　ファックス　03-5834-2508
印刷・製本　シナノ書籍印刷株式会社


Printed in Japan　ISBN978-4-902744-95-8　C0077